百读不厌的科学小故事

［韩］具本哲　主编

消失的
过山车

［韩］徐智云　［韩］赵显学　著
［韩］李昌涉　绘
何璐璐　译

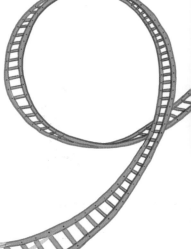

上海科学技术文献出版社
Shanghai Scientific and Technological Literature Press

未来的人才是创意融合型人才

翻阅这套书，让我想起儿时阅读爱迪生的发明故事。那时读着爱迪生孵蛋的故事，曾经觉得说不定真的可以孵化出小鸡，看着爱迪生发明的留声机照片，曾想象自己同演奏动人音乐的精灵见面。后来我亲自拆装了手表和收音机，结果全都弄坏了，不得不拿去修理。

现在想起来，童年的经历和想法让我的未来充满梦想，也造就了现在的我。所以每次见到小学生，我便鼓励他们怀揣幸福的梦想，畅想未来，朝着梦想去挑战，一定要去实践自己所畅想的未来。

小朋友们，你们的梦想是什么呢？由你们主宰的未来将会是一个什么样的世界呢？未来，随着技术的发展，会有很多比现在更便利、更神奇的事情发生，但也存在许多我们必须共同解决的问题。因此，我们不能单纯地将科学看作是知识，为了让世界更加美好、更加便利，我们应该多方位地去审视，学会怀揣创意、融合多种学科去思维。

我相信，幸福、富饶的未来将在你们手中缔造。

东亚出版社推出的《百读不厌的交叉科学小故事》系列与我们以前讲述科学的方式不同，全书融汇了很多交叉学科的知识。每册书都通过生活中的话题，不仅帮助读者理解科学（S）、技术（TE）、数学（M）和人文艺术（A）领域的知识，而且向读者展示了科学原理让我们的生活变得如此便利。我相信，这套书将会给读者小朋友带来更加丰富的想象力和富有创意的思维，使他们成长为未来社会具有创意性的融合交叉型人才。

韩国科学技术研究院文化技术学院教授　具本哲

要问在游乐场最受欢迎的设施是什么？毫无疑问，当然是过山车。过山车的入口总是排着长长的队伍，想坐一回，有时甚至要等上好几个小时。每当我们坐上过山车，总是沉醉于那种令人惊叹的刺激和兴奋中。

这种有趣的游乐设施，据说是起源于 17 世纪俄国人发明的"飞车"。它流传到法国以后，开始有了木质轨道，接着逐渐发展成了可以进行 360 度旋转的游乐设施。

要是游乐场里的过山车全都消失了，会怎么样？

在本书中，多尼是个过山车狂人，可是他爱得发狂的过山车消失了。把过山车偷走的正是"火星人"。

多尼很想抓住"火星人"，可是却被迫去了奶奶家。奶奶不在的时候，他就在棉花糖博士家呆着。在那里，多尼和妹妹朵拉知道了过山车的原理。

过山车是利用发动机的力量上升到一定高度之后只借助"能"来移动的设施。我们坐过山车的时候感到非常刺激，就是因为加速度的存在。现在，让我们一起来了解一下关于过山车的那些科学原理吧。

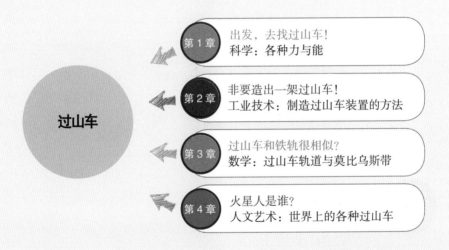

过山车

第1章　出发，去找过山车！
科学：各种力与能

第2章　非要造出一架过山车！
工业技术：制造过山车装置的方法

第3章　过山车和铁轨很相似？
数学：过山车轨道与莫比乌斯带

第4章　火星人是谁？
人文艺术：世界上的各种过山车

用超过 70 千米的时速，疾驰 1 000 多米！过山车是如何运动起来的？我们将用多尼和朵拉的故事告诉大家其中隐藏的各种知识。

到底这神不知鬼不觉地偷走游乐场里的重磅设施——过山车的火星人是谁呢？让我们来看看这神出鬼没的火星人的真面目吧。

徐智云、赵显学

目　录

第1章　出发，去找过山车！

第2章　非要造出一架过山车！

第3章　过山车和铁轨很相似?

第4章　火星人是谁?

出发，去找
过山车！

啊，我的过山车！

出来寻找过山车的多尼和朵拉

消失的过山车

啊，啊!

为了去坐魔术爱尔兰游乐场的过山车，我讨好了爸爸妈妈那么久啊!

我跟妈妈举双手双脚发誓，说一定会好好学习。我还带着爱发脾气的妹妹朵拉去学校，把好吃的菜肴都让给朵拉，甚至强忍着脾气打扫了朵拉乱七八糟的房间。

何止这些啊。

我给爸爸擦皮鞋，给垃圾做好分类，还亲手去扔了那些臭臭的食物垃圾。为了做个乖孩子，我连电脑游戏、手机游戏都忍着不玩。

所有这些，我都是为了实现这个目的——去坐魔术爱尔兰游乐场的过山车。

可是，过山车居然消失了，居然消失得无影无踪了!

在这个世界上，我最喜欢的事儿就是坐过山车，我可是个勇敢的小孩。

去年春游的时候，我在这个游乐场坐过山车，那感觉太好了，怎么也忘不了。于是回来以后，我一次又一次缠着爸爸妈妈，非再去一次不可。

我以为我付出这么多辛苦，连老天都应该感动啊。

这么多的努力，居然都成了泡影!

我觉得双腿无力，双臂也颤颤巍巍，感觉发麻了。

"多尼哥！干嘛呢？"

"走开！"

我的妹妹朵拉，只有在让她跑腿儿的时候才不烦人。朵拉总是紧紧跟着我，不管我去哪儿都要跟随着。嘴上说着游乐场的游乐项目太恐怖、不好玩，却还是不肯离开我，总是厚着脸皮跟我一起坐过山车。她还一点眼力见儿都没有，不管什么时候都要缠着我。虽然是我的妹妹，可真是非常讨厌。

朵拉看到游乐场里的过山车消失了，好像心里在暗暗叫好呢。

我最喜欢的过山车
居然不能坐了，呜呜呜！

过山车

Roller Coaster

过山车

不可使用

我的天！

会不会是在做梦？我狠狠地捏了自己的脸好几下。

我的脸好疼，红了起来。原来不是梦。

看来，过山车真的突然消失了。

我丢了魂似的站着。脑子里嗡嗡作响，凉飕飕的风从我的身旁掠过。

一直看着我的朵拉终于忍不住说了一句：

"去玩别的东西吧。"

"讨厌！"我怒火中烧，大喊起来。

"那就回家吧。"爸爸和妈妈环视了一圈游乐场，说道。

朵拉这只要一说过山车就害怕的家伙，马上噗嗤一笑，附和道：

"好，走吧。"

我马上向朵拉愤怒地瞥了一眼。

可是，她早就已经和爸爸妈妈离开了。

最后，我只能被迫上了车，回家。

刚到家，爸爸就躺到沙发上开始午睡，妈妈在厨房准备午餐，朵拉也进了房间不出来。

我好委屈，什么也做不了。

爸爸说，长大以后，最讨厌的事当中，有一样一定是周末被孩子们拉去游乐场。他说，这真的真的很麻烦。

为了让这样的爸爸妈妈带我去游乐场，我费了多大的劲儿啊！

我越想越委屈，还很生气，脸涨得通红，像个红柿子。就在这时，躺在沙发上的爸爸按下了遥控器。

电视里正在放新闻，说着关于我们刚去的游乐场里过山车的事儿。

　　"全世界的过山车都消失了。自称是火星人的小偷把过山车偷走了。"

　　听到电视里记者说的话，我瞪大了眼睛。

　　过山车消失了，居然是因为火星人！

准备找回过山车

我火冒三丈，站在电视机前，用力攥紧了拳头。

"我一定要找到火星人，把被偷走的过山车找回来！"我说道。

朵拉嘲笑着说：

"你怎么找啊？哥哥又不是侦探。"

这话也对。

可是说到对过山车的了解，我可相当于博士水平呢。

我知道，在钢质的过山车中，最高的是美国六面旗乐园里的高度139米的"京达卡"，在木质的过山车中，最高的是德国海德公园的"八爪鱼"垂直下坠过山车。

不仅如此，我还知道这些："千禧力量""云霄飞车""罗莎方程式""咚咚怕""野兽之子""恐怖之塔""利维坦""超人逃亡"……世界著名的过山车的名字，我背得滚瓜烂熟。

另外，著名过山车的特点我也都了如指掌。世界上轨道最长的过山车是日本长岛的钢龙2000，长度是2 479米。拥有最多过山车的游乐场是美国的锡达波音特乐园。韩国第一座过山车是1973年5月5日开张的首尔儿童大公园的过山车，名为青龙火车。所有这些，只要和过山车有关的事儿，我都知道。

这么熟悉过山车的我居然坐不了过山车了！

想到这里，我一下子垂头丧气。这天晚上，我一直念叨着过山车消失的事儿。

　　吃完晚饭，爸爸闪着狡黠的目光对我说：

"听说过山车被盗事件，不只是韩国有呢。"

"对，美国、日本、英国等世界上好多国家的过山车都一个个地消失了。"我叹了口气。

"以后在游乐场就坐不了过山车喽。"

"不可能!"

"那么庞大的东西，居然神不知鬼不觉地消失了。不知道是火星人还是蝙蝠侠干的，这小偷可怎么抓得到啊?"

"要是抓不住小偷，我还不如自己造个过山车呢。"我紧握双拳，大声喊道。

"是吗?"爸爸很不当回事儿地应了我一下。

"怎么造?"朵拉问。

"我想想。"

"对了，你去找找过山车博士吧。说到制造过山车，对那个博士来说，可是小菜一碟啊。"

"博士?"

"他又叫棉花糖博士，住在奶奶家隔壁。"

爸爸的小心思太明显了。他就是想在这黄金周休假期间，把我们丢给奶奶，自己就可以完全轻松了。

我马上说不要。可是，没有眼力见儿的朵拉又搞破坏了。

"我想去!"朵拉说。

"那你自个儿去吧!"

"不要，我要和哥哥一起去。"

朵拉紧紧地贴着我。

"这牛皮糖一样的家伙！"我大吼起来。

于是，妈妈马上用锐利的目光看了我一眼。我畏缩了。爸爸插进来说道：

"别这样，我们来投票决定吧。"

投票结果是 3∶1。

爸爸、妈妈和朵拉是一伙儿的，只有我自己一个人投反对票。

结果，我只能和朵拉一起去乡下的奶奶家了。

和棉花糖博士的见面

坐了整整 5 个小时的车，我们终于到达奶奶家所在的村庄。一下车，我就看到一个老爷爷，满头灰发，还涂着光亮的发蜡，穿着白色长袍，正在向我们挥手。

"见到你们真高兴。我来迎接你们，是不是很吃惊啊？本来应该是你们奶奶来的，可是她去温泉度假村旅游了，现在不在家。你们知道，现在不是黄金小长假嘛。所以她就拜托我来接你们了。"

"那我们去哪儿呢？"

"当然是我家啦。"博士先生说道。似乎觉得这是理所当然。

博士先生把我们的行李装进了他那辆旧车的后备箱。

朵拉毫不犹豫地上了车。

我皱眉站了一会儿，还是无可奈何地打开了车门。

"还不出发吗？"

"等一会儿嘛。要让车走，不是得有动力才行嘛。"

博士先生把车启动后，过了很久车才开始行驶。

车开得非常慢。

"这么慢的速度，什么时候才能到家啊？"我很不满地问道。

"稍微等一下吧。上坡的时候虽然有点儿慢，下坡的时候会比过山车还刺激呢。"博士先生回答。

"是吗？"朵拉非常好奇，一下子瞪大了眼睛。

于是，博士先生开始解释，作用在车上的力是如何产生的。

"力是什么？"朵拉问。

"哈哈，力就是使物体的形状或运动状态产生变化的原因。物体运动状态改变，就是因为力使物体的速度变化了。速率和速度的区别你们知道吧？速率是物体运动的快慢，速度包括物体运动的快慢和运动的方向两个要素。理解我说的是什么意思吗？"

"那么改变物体运动的快慢或者改变物体运动的方向，就是力的作用吧。"朵拉一边点头，一边说道。

"对！就是这样的。"博士回应道。

博士先生说，力包括重力、弹力、离心力、静电力、磁力、摩

用一条带箭头的线段来表示力的话，箭头的起点就是传递力的作用点。箭头的方向就是力的方向，箭头长度就是力的大小。

擦力，等等。

朵拉眨巴着双眼，认真地听着。我呢，则不停地打着哈欠。

车突然轰隆轰隆地响起来，接着在路上停了下来。

"不回家了吗?"我冷冷地顶了一句。

"瞧瞧吧。没有力，车就动不了啦。"

"知道啦。"

"你那么想坐的过山车也是一样的。没有力的话……"

"就不会动了!"朵拉重重地拍了一下大腿，大喊道。

刹那间，我猛地竖起了耳朵。

"博士先生，您是说您知道制造过山车的方法吗?"

"这个啊。恐怕火星人了解得更清楚吧。"

"火星人? 博士先生，关于火星人，您知道什么吗?"我握紧双拳，反问道。

博士先生摸了摸自己灰色的头发，"嘻"的一声，意味深长地笑了。

"首先，我告诉你们关于力的原理吧。"

"不要。我现在就想制造过山车呢。"

"那也得听。必须先知道力的原理，才能造过山车啊。"

博士先生拿出笔记本，开始讲解生活中那些对我们起作用的力。

各种力

重力

是物体由于地球的吸引而受到的力。我们的身体不是向空中漂浮，而是贴着地面站立，就是因为它的作用。

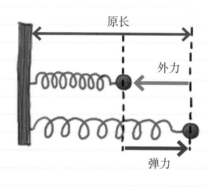

弹力

物体受外力作用发生形变后，若撤去外力，物体能恢复原来形状的力，叫作弹力。

弹簧受力后变短，然后又恢复长度，就是因为弹力。

离心力

是指进行圆运动的物体，要向外远离旋转中心的力。

开车的时候如果急速转弯，人会往外倾倒，就是因为离心力的作用。

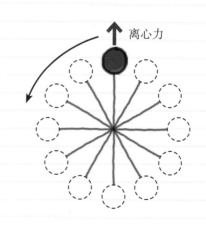

静电力

在带电的物体之间的相互作用力就是静电力。

带异种电荷的物体相互吸引，带同种电荷的物体相互排斥。

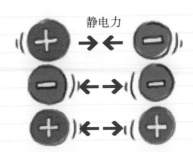

磁力

磁力是磁铁的两极之间相互作用的力。

同极之间相互排斥，异极之间相互吸引。

摩擦力

摩擦力是在两个物体的接触面上产生的阻碍物体运动或运动趋势的力。接触面越粗糙，摩擦力越大。

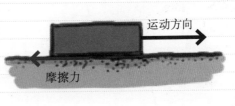

连能都必须了解？

"既然已经知道力的种类了，现在赶紧去造过山车吧。"

"还不行！"

"除了力的种类，还得知道别的什么吗？"

"当然啦。你以为力和能是一样的吗？"

听了博士先生的话，我猛地眨了一下眼睛。

"连力和能的区别都不知道，还要造过山车呢。啧啧。"

博士先生说，力和能必须要加以区分。

"力和能不一样。能，就是能量，是物体可以做功的能力，只有

大小，没有方向。可是力是使物体的运动状态发生改变的能力，有大小和方向。如果多尼你拎着沉重的行李到3楼，那就是用了力。因为你用力改变了物体的位置。相反，朵拉只是一动不动地举着沉重的行李，那就是用了能。来，我来详细地给你们解释一下能量。"

博士接着往下说：

"举个例子，书桌上滚动着一个球。因为球在滚动，所以带有动能。球在滚动过程中，撞到某个物体后，该物体也开始移动。这是因为球给这个物体加了力，使得物体产生移动。也就是说，能转换成了功。"

博士先生说，能不仅仅会转换成功，不同种类的能之间也会相互转换。像这样能的种类产生变化的过程就叫"能量转换"。

博士先生在进行说明的时候，朵拉不停地搓着手。她双手持续搓动着，皮肤就开始热了起来。

朵拉把发热的双手贴到我的脸上，调皮地说：

"暖和吧？"

看到她的样子，博士先生猛地拍了一下大腿，喊道：

"正确！"

"正确？"

"刚才朵拉就是进行了能量转换。"

"我吗？"朵拉猛眨着双眼。

"对，你搓动手掌，就是把摩擦的动能转换成了发烫的热能啊。这就是'能量转换'啊。"

"看来能量转换比想象中容易得多啊。"朵拉好像明白了什么，双手托腮，严肃地说道。

"能量很容易进行转换。我们身边能量转换的例子就很多。电扇不就是通过产生风来让我们凉快的嘛。这是电能引发电扇的叶片转动，然后电能就转换成了动能。"

博士先生对着还是一脸懵懂的我，问道：

"多尼啊，你见过暖炉吧？"

"对，我去奶奶家的时候，在客厅见过石油暖炉。在暖炉里放石油的时候，有加油站的味道。"

"石油是可以炼制汽车燃料的化石能源，所以石油暖炉会有加油站的味道。那么，暖炉里呼呼地烧着火，产生暖洋洋的热量的时候，是发生了什么能量转换呢？"

"原来石油是化石能源啊。"

我正在认真思考时，旁边的朵拉突

高处的石头掉落时，
势能转换成了动能。

然插话了:

"是化学能转换成了热能!"

博士摸着朵拉的头,赞扬了一番。

"牛皮糖!我本来也可以得到博士的表扬的。"我很委屈,不停地小声嘀咕着。

旁边的朵拉好像听到了我的话,耸耸肩,说道:

"下次,哥哥你来猜。我给哥哥一次机会!"

"烦人!"

看着得意洋洋的朵拉,我感到非常厌恶,对着她吐了吐舌头。

"好了,别斗嘴了,我们再来说说能的事儿吧。能呢,形态可以改变,但数量不能改变。"

"真的吗?"我睁大了眼睛。

"能即使改变了形态,但数量不变,这叫作'能量守恒'。高处的物体向下掉落的话,势能减少,而动能增加。这时,两种能的总量是不变的。明白了吗?"

"有点明白了。"其实这些关于能的复杂说明,我没法完全理解。

不管怎样,此刻,我的脑子里只有一个念头,就是怎么造出过山车。

这是沿着带有水流的铁轨移动的游乐设施。这个游乐设施在从高处往低处下降的时候,势能转换成动能,速度增加。这时,水花飞溅,游客能感受到特别的乐趣。

过山车中的能量转换

"现在，你们已经了解了力和能，猜猜看，过山车是用什么原理来实现移动的呢？"

"我都知道。"我得意洋洋地说道。

"我哥哥可是过山车博士呢。"朵拉也马上大声地附和。

"是吗？那我给你做个小测验吧。过山车是在长度超过1千米的轨道上快速飞驰的。这时，过山车是用什么力来跑的呢？"

"那当然是发动机的力呗。"问题太简单了，我觉得非常可笑，噗嗤一声笑了出来，回答道。

"咦！错啦。过山车出发的时候，是通过发动机驱动行驶到一定的高度，可是之后就只是用能量在跑了。"

"哎哟，不用发动机，怎么能跑那么长路呢？"

"呵呵，这就是藏在过山车里的科学啊。秘密就是，它有着势能和动能。"

我睁大了双眼。

"过山车先借由使用电气的发动机提供的动力行驶到达高点。这样，过山车具有了势能。然后，过山车就只需利用这股势能来移动。所以，所有过山车的轨道起始部分的形状，毫无例外都是从低的出发点向上向高处延伸。你好好想想，你乘坐过的那些过山车，是不是都是这样？"

"从高处向下移动，和没有用发动机，有什么关系？"我继续追问着。

博士皱了皱眉头，继续解释道：

"上升到高处的过山车，在下降的过程中，它的势能转换成动能。然后，过山车再次上升到高处，动能再次转换成势能。前面说过的能量转换还记得吧？过山车沿着轨道移动的时候，就发生了许多次能量转换。"

过山车从高处向低处下降的时候，势能转换成了动能。

博士开始仔细地解释，过山车移动的时候是怎么进行能量转换的。

"过山车从高处向低处下降的话，势能变小，动能变大。可是过山车再次往高处上升的话，势能变大，动能变小。向低处下降的时候，势能转换成动能；往高处上升的时候，动能再次转换成势能……就这样，过山车不停地转换着能量进行移动，所以不用发动机也可以跑得很快。并且，这种依靠转换能量奔跑的过山车不会停止的原因就是，虽然能量在转换，但其总量是一定的。"

我在脑中想象了一下能量的转换过程。

势能向动能转换，然后动能又向势能转换，如此反复不停，想到这画面，我胃里一阵翻滚。

从出发点往高处走的时候，
电能转换成势能。

向下走的时候，
势能转换成动能。

"呃，好像要晕车了。"

"呵呵，因为能量转换竟然要晕车啦。不过，这话也对。"

博士微微一笑，说道，要让过山车移动的话，必须好好理解能量转换才行。

"过山车移动的时候是怎么进行能量转换的，我们都已经理解了，那现在可以造过山车了吗？"

我恨不得马上就造出能代替被火星人偷走的过山车。

"这么着急啊。只知道这个，还不能造出过山车哦。还有很多重要的事儿呢。"

"那是什么？"

从汽车后视镜里，我看到博士露出意味深长的笑容。

我咽了一下口水。

上去了。

呀呼！

再次向上的时候，
动能转换成了势能。

感受刺激的心情

"乘坐过山车的时候，会觉得很刺激，知道是什么原因吗？"

"不知道哎。"

我摇摇头。

"切，还说自己是过山车博士，这都不知道？"朵拉嘲笑道。

博士看着苦笑的我，又说话了：

加速度 = 速度的变化量 ÷ 需要的时间

"那是因为加速度的缘故。加速度是指随着时间过去，速度产生变化的数值。只要把全部速度的变化值除以移动所需的时间，就可以得出该数值了。

"人们对速度的变化感受很敏锐，加速度变大的时候，越快就觉得越兴奋和紧张。这点，每个人感受不同。过山车就是这样一种利用加速度给人们带来欢乐的游乐设施。由于加速度幅度大小不同，有的过山车很刺激，有的则没那么刺激。"

博士还提到了同样运用加速度原理的蹦极游戏。说到蹦极，我

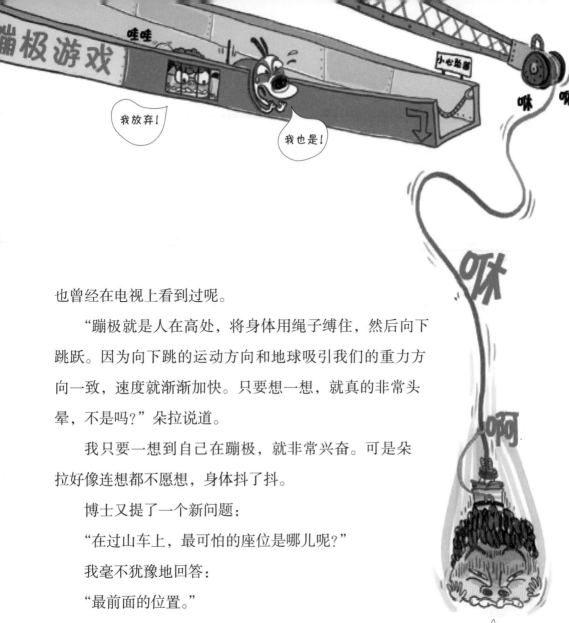

也曾经在电视上看到过呢。

"蹦极就是人在高处，将身体用绳子缚住，然后向下跳跃。因为向下跳的运动方向和地球吸引我们的重力方向一致，速度就渐渐加快。只要想一想，就真的非常头晕，不是吗？"朵拉说道。

我只要一想到自己在蹦极，就非常兴奋。可是朵拉好像连想都不愿想，身体抖了抖。

博士又提了一个新问题：

"在过山车上，最可怕的座位是哪儿呢？"

我毫不犹豫地回答：

"最前面的位置。"

在我的经验里，过山车最前面的位置好像是最吓人的。

"为什么这么想？"

"因为没有任何东西挡住视线。还有，坐在最前面也最先感受到速度变快，不是吗？"

"听上去似乎正确，但可惜的是，正确答案不是前面的位置。"

"那哪个位置最可怕呢？说真的，不管坐哪儿，我都觉得挺可怕的……"我也还在纳闷儿，朵拉先问了。

"过山车后面的位置是最可怕的。"博士说。

"我知道啦！后面的位置总是'吭吭'地发出声响，紧接着就猛然往下俯冲，对吧？"朵拉很没有眼力见儿地插嘴道。

"后面的位置最可怕，是因为加速度的关系。过山车一开始向高处移动的时候是慢慢行驶的，可是向下走的时候，速度就开始加快。还有，再次向上移动的时候，速度会怎样变化呢？"

"会变慢吧。"我回答。

可是，朵拉摇着说：

"我没觉得速度变慢啊。一直都很可怕呢。"

"那是因为你是个胆小鬼！"我朝朵拉大喊着说道。

可是，博士却站在朵拉一边，说道：

"过山车再次向上移动的时候，很容易会觉得移动变慢了吧。可是，因为前面已经是变快的状态，无论是向下还是向上时，速度都

什么时候已经到了那儿？

是差不多的。因为速度已经加上，成为加速度了。"

向下走的过山车再次向上走的时候，速度竟然不会变慢，并且还是因为加速度，这话太令人吃惊了。

"过山车真的开始令人头晕的时刻，就是那之后。越过一个坡，再向上移动的过山车，在向下走的时候，速度是真的变快了。此时，坐在前面的话，从过山车快速飞驰开始直至到达地面，这段距离相对较短，感受到的可怕程度会少一些。可是，坐在后面的话……"

"比起前面位置，后面的位置能更久地感受到加速度！"

我实在震惊了！

原来，在过山车里还隐藏着那么多我想都没想过的科学原理。

去糊涂博士的家里

我们坐的车，在乡村小道上吭哧吭哧地跑了大概
20多分钟，终于停在了博士家门前。

博士的家一看上去就是乱七八糟的。各
种杂物堆放在前院里，连可以放心地踩上去
的地方都没有。事实上，屋子里面也一样。

"您也该打扫一下啊。"我皱着眉头
说道。

"我家的垃圾啊，受到重力的影响很
大呢。呵呵。"

我颇为不解，问道：

"这话怎么说？"

"你知道重力是什么吧？"

欢迎你们来。快进来！

啊，这还
是家吗？

是家？还是
古董商店啊？

月球吸引物体的力的大小只有地球的 1/6。
所以，在月球上，体重只有地球上的 1/6。

"刚才您不是说，重力是地球吸引物体的力吗？"

"对，人的身体就不用说了，还有车、树，连天上的云都受到重力的影响呢。想用双眼来确定物体受到的重力大小的话，该怎么做，谁知道？"

"我想想。"

"上秤看看就知道啦。秤显示的数值就是物体受到的重力的大小。朵拉啊，你看上去体重大概是 24 千克，意思就是说，地球用 24 千克力在拉着你呢。"

博士接着说，重力也是使过山车移动的力。过山车的列车从到达轨道顶端的那一刻开始，到再次回到出发点为止，一直受到相等重力的作用。

坐过山车不会掉下来的原因

"过山车在转弯的时候，为什么人们不会掉下来，你们知道原因吗？"

听了博士的问题，我犹豫着回答道：

"那是因为安全带系得很紧的关系吧？"

"哈哈，不是那样。人们不掉下来，是因为过山车在转弯的时候，受到向心力、重力和离心力的作用。"

"我们还是不知道您在说什么？"我和朵拉摇着脑袋，说道。

"嗯，那我们吃了饭再说怎么样？"博士好像想到了什么，这么说道。

"啊？为什么突然要吃饭？"

听了朵拉的问题，博士说："要做实验，可是家里没有容器。"

"什么实验啊？"

"我们吃了饭，然后用剩下的碗来解开过山车的秘密吧。"

我和朵拉正好肚子饿了，两三口就狼吞虎咽地把饭吃完了。

博士把盛饭用的一次性塑料碗分别用绳子系住，并在里面装满了水，叫我慢慢地转转看。

我用缓慢的速度小心翼翼地将它们转动起来。然后，水就洒了出来。

"好，现在快速地转动这些碗。"

"水洒出来怎么办？"

我很担心，怕水再洒出来。

"没事儿。快点儿转转看。"

博士催我按照他说的去做。

我没办法，只有快速地将碗转起圈来。然而，神奇的是，水不往外溅，也不往外洒，这是为什么呢？

"离心力是指进行圆运动的物体，要向外远离旋转中心的力。刚才我们旋转碗，就是进行圆运动。碗和碗里的水就是进行圆运动的物体。某种物体在快速进行圆运动的时候，因为离心力的作用，物体会产生向外的倾向。过山车在转弯的时候也受到了离心力的作用。与此同时，物体在朝着圆的中心方向还受到向心力的作用。向心力是和离心力朝着相反方向作用的力。"

"我知道了！只要把碗当成是过山车，把碗里的水当成是乘坐过

利用离心力的"大摆锤"
"大摆锤"是一种在巨型金属悬臂上安装大圆盘的游乐设施，会像海盗船一样左右摇晃。悬臂在左右摇动的同时，圆盘则以悬臂为轴开始旋转。圆盘旋转的时候，产生了离心力，由于这种离心力，坐在上面的游客会感觉身体往外冲，非常刺激。

山车的人，就可以理解了，是吧？"

"对，就是这样的。乘坐过山车的人不会掉下来的原因，就和盛在碗里的水不会洒出来的原理一样。"博士好像觉得我很有意思，笑着继续说明。

我和朵拉也竖起耳朵认真听着。

博士继续说道："过山车非常快速地沿着圆形轨道移动，在最高点的时候，圆形轨道对列车的向下作用力和列车所受重力加起来形成的向心力，和使列车倾向向外飞出的离心力的大小相同。因此，人们才不会掉下来。"

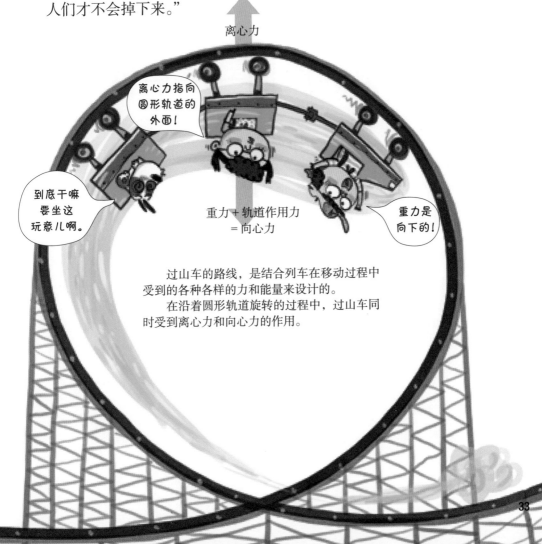

离心力

离心力指向
圆形轨道的
外面！

到底干嘛
要坐这
玩意儿啊。

重力 + 轨道作用力
= 向心力

重力是
向下的！

过山车的路线，是结合列车在移动过程中受到的各种各样的力和能量来设计的。
在沿着圆形轨道旋转的过程中，过山车同时受到离心力和向心力的作用。

据说，有个女孩在坐过山车的时候，发生了令人吃惊的事儿呢。

身体倾斜的原因——惯性

"真的好奇妙。原来过山车里还藏着这么多科学原理！"

"不只这样。还有很多好玩的关于力的故事呢。给你们讲一个真实发生过的故事吧。有一个女孩，眼睛做了人工晶状体植入手术，可是失败了。人工晶状体没有完美地嵌入眼部，一部分向外凸出，得重做一次。"

"然后呢？"

"小女孩在重新手术之前，跟妈妈说想去游乐场玩。她想，去游乐场玩一玩就可以暂时摆脱对手术的恐惧感。"

"我整天都想去游乐场呢！"

我这么一喊，朵拉马上一脸鄙视的样子，看了我一眼。

"这个小女孩就在游乐场里坐过山车，玩得很兴奋。可是，发生了一件令人吃惊的事儿。嗯，人工晶状体又回到原位啦。"

"这是怎么回事儿？"

我和朵拉大吃一惊，喊了起来。

"呵呵，那是因为小女孩坐了过山车啊。过山车迅速飞驰，然后突然向下俯冲的时候，受到惯性作用，小女孩的身体就往后倒。这时，人工晶状体也向眼内陷进去，回到了原位。"

"惯性作用？"

"对，世界上所有的物体都具有保持其既有运动状态的性质。乘汽车的时候，如果车辆突然刹车，因为车辆之前是在向前运动的，我们的身体也会向前冲，就是这个原理。"

"那算是托过山车的福，人工晶状体才复位的？"

原本停止的车辆突然启动的话，坐在车里的人会因为静止的惯性，身体往后倒。

原本向前行进的车辆突然停止的话，坐在车里的人会因为往前的惯性，身体向前冲。

听了我的话，博士挤挤眼，只是在笑。

"我坐不同的过山车，身体倾倒的程度都不太一样。这么说来，惯性也有大小吧？"

"对。坐过山车时惯性的大小和重力加速度相关，重力加速度用 g 来表示，1g 就是一个普通人在地球表面上能感到的因重力引起的加速度的大小。如果某个人在没有重力的空间，因重力而产生的加速度就为 0，惯性也就是 0。"

"重力增大的话，加速度也增大，惯性也增大，我们实际上感受到的力也会增大，是吧？"

"对，是这样的。飞机要起飞，在跑道上滑翔，加速度增加，惯性也增加。所以，我们的身体就感觉好像紧紧贴在椅子上。这种力在坐过山车的时候也会感受到。"

失重状态下的海盗船
海盗船左右摆动，往低处下落的时候，坐在上面的人会感觉身体好像飘起来。这种状态称为"失重状态"。失重状态是指受到和重力大小相同的相反方向的力的作用，而感觉不到重力的状态。

　　"移动那么快速的过山车，怎么会每次都在同样的位置停住呢?"

　　"那是因为摩擦力的缘故。"博士说，过山车在飞驰的时候，列车和轨道互相接触，就会产生摩擦力。摩擦力降低了列车的速度，产生热和噪声，不过也在过山车停止的时候起到了重要作用。

　　他又问道:"万一摩擦力没有完全消除剩下的动能，过山车会怎么样呢?"

　　"过山车好像就会停不下来，继续移动。"我想象着过山车停止的瞬间，回答。

　　博士点了点头。

 力可以用箭头表示吗?

 用箭头表示力,得先知道力
的三要素。力的三要素是指力的
大小、力的方向、力的作用点。
在表示力的箭头中,箭头长度就
是力的大小,箭头方向就是力的
方向,箭头的起点就是力的作用
点。

 过山车的速度是如何计算得出的?

 速度指的是物体运动的快慢程度。要计算过山车的速度,就要将物体的移动
距离除以需要的时间。用公式表示如下:

$$速度 = \frac{移动距离}{所需时间}$$

即,某个过山车移动了 100 米需要 5 秒的话,
过山车的速度 = 100 米 ÷ 5 秒 = 20 米 / 秒,因此过
山车的速度是 20 米 / 秒。

为什么体重在地球上和在月球上不同？

 在地球上，物体的重量指的是地球吸引该物体的力的大小。同样，在月球上，物体的重量指的是月球吸引该物体的力的大小。地球吸引物体的力比月球吸引物体的力的 6 倍还多。因此，即使是同样的物体，在地球上的重量和在月球上的重量也不同，所以同一个人的体重在地球上和月球上也不一样。

我的体重是 24 千克呢。

原来在月球上我的体重只有 4 千克啊。

 在过山车上能量转换是怎么发生的？

 利用电能，过山车上升到了高处，就有了势能。势能在过山车下降的时候又转换成动能。然后，过山车再次到达高处，此时动能又再次转换成了势能。

	出发向上时	从上往下时	从下再次往上时
开始的能	电能	势能	动能
	↓	↓	↓
转换的能	势能	动能	势能

第 2 章

非要造出
一架过山车!

过山车,
稍等一下!

想要造出过山车的多尼的热情

需要技术

“关于过山车的原理，现在我们已经全部掌握了。那么，快点告诉我们制造过山车的方法吧！”我吵闹着。

博士说，还有很多东西得了解呢。

“要制造过山车，不只要知道原理，还得知道需要用什么技术，不是吗？”

“技术？关于乘坐过山车的技术我已经完全了解啦。坐过山车的时候，一定要睁着眼睛才有意思呢。朵拉还做不到，不过我已经很熟练啦。首先，把眼睛睁开一条缝，要是太害怕了，就再轻轻闭眼，可以的话就再睁大一点，开心地玩就好啦。”

“哥哥！博士指的不是这种技术啊！”

朵拉噗的捅了一下我的肋骨，让我认真想想。看上去，朵拉好像比我对过山车更有兴趣了呢。

“博士先生，哥哥每次只要说到过山车就特别兴奋，语无伦次的。请您告诉我们，要制造过山车需要什么技术吧。”

我看着一脸自得的朵拉，觉得她好讨厌，便噘着嘴瞪了她一眼。

朵拉朝我吐了吐舌头。

“制造过山车的方法，请马上告诉我们吧。要是不快点告诉我们，我就回家了。”我怒气上升，拎起包说道。

“慢走！”朵拉挥挥手。

"什么？我说我要走了，你居然叫我慢走！难道你要留在这里吗？"

"嗯。"

朵拉说自己要跟着博士留在这儿，好像想让我赶快走。

"干嘛？不是说你要走吗，那快点儿消失吧。"

"切……"

我看着他俩，不知如何是好。

"呵呵，看来多尼因为消失的过山车心里很着急啊。不过，比起什么成果都没有就回家，还是多了解一点儿过山车的知识再走更好些吧，如果你想成为真正的过山车博士的话。"博士微微笑着说道。

其实，没弄清楚过山车的消失是怎么一回事，我并不想离开这儿。我只是想让得意洋洋的朵拉来求我一次而已。听了博士的话，我装作无可奈何的样子，悄悄地放下了包。

一直看着我的朵拉大笑了一声，轻轻抓住我的手。

更刺激的过山车

"我们先看会儿电视，休息一下吧。"博士说。

休息的时候，妈妈打电话来，问我们是否顺利到达，然后告诉我们，奶奶回家的日期好像延后了，还得晚点儿回来。

不管我喜欢不喜欢，看来这个假期，得在博士家度过啦。

博士不再理会我们，躺在沙发上看起电视来。正好，电视上在播放雪橇比赛。

"我可没有时间休闲。博士先生，快点儿告诉我制造过山车的技术吧。"

↑ 雪橇

我不停催促着博士。

"看到雪橇比赛，所以想到过山车了啊。"

我没有放过博士这句话，反问道：

"雪橇和过山车有什么关系呢？"

"最开始，过山车是和雪橇差不多模样的游乐设施。那时制造过山车，不像现在这样，需要各种各样的科学技术，只不过是为了享受加速度而创造的游戏。"

据说，过山车源自17世纪俄罗斯贵族们的游乐玩具。

每到冬天，俄罗斯的贵族们就铺设能驾驶雪橇的冰场。为了增加刺激感，他们把斜坡增高，在雪橇上安装滑轮让它可以滚动，并称之为"飞车"。

俄罗斯最先发明的这项游乐设施，之后在法国得到发展，并且

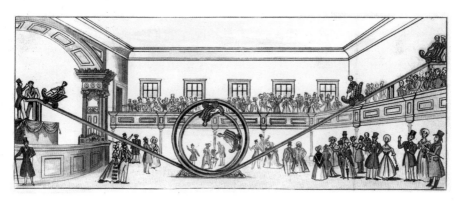

19世纪50年代在英国制造的早期"循环飞车"。

用木质轨道代替冰场，雪橇在上面滚动。

"某些人说最初的'飞车'是在法国发明的，但是不管怎么样，只是他们自己这样认为。记录显示，最初的'飞车'是17世纪的俄罗斯发明的。"

之后，过山车就逐渐发展起来，最后发展成为列车沿着圆形轨道可以旋转一圈的"循环飞车"。

最初的"循环飞车"是在英国制造的。"循环飞车"诞生以后，许多国家纷纷如竞赛一般开发出各种更加刺激、更加好玩的过山车。

从那时开始，过山车就成为人们最喜欢、最刺激的游戏，谁制造出了更刺激、更好玩的过山车，成了人们关心的话题。

把过山车发展成现代模样的是美国的一个叫拉马克思·汤姆森的企业家。据说，汤姆森在1884年制造出过山车，发了大财。当时，人们对过山车的兴趣很大，人们都争抢着坐一回过山车，热闹了好一阵子。通过许多代人的努力，现在我们才能在游乐场里享受到各种不同的过山车。

"在韩国，有一座过山车是世界上最刺激的木质过山车之一，你们知道它叫什么吗？"

"在韩国？那是什么过山车？"

"就是'飞驰'。"

"哇，好厉害。"我大声欢呼起来。

原来，我一直那么喜欢乘坐的"飞驰"过山车，居然是世界上数一数二的，真是让人骄傲。

 1 "飞驰"，世界上最惊险刺激的过山车之一

哇，有12个暂停处！

最大坡度是77度！

韩国京畿道龙仁市的爱宝乐园中名为"飞驰"的过山车，被认为是世界上最刺激惊险的木质过山车之一。

该过山车的最大坡度是77度，非常陡峭。轨道长度为1641米，高度为56米，最高速度为时速104千米，体感时速竟然高达200千米。

虽然，"飞驰"的单次运行时间只有短短的3分钟，但在乘坐"飞驰"的过程中，乘客的臀部一直都是忽上忽下，不停颠簸，非常刺激。所以，在乘坐"飞驰"的时候，乘客必须拿掉身上的所有物品，包括帽子、眼镜等。因为，不这样做的话，一不小心东西就会全部丢失。

木质过山车"飞驰"从起点到轨道第一个波形的顶点，由发动机提供驱动力，但从第一次下落的时候开始，就不再使用发动机的力。上升到高处，再下落的瞬间，人们总是情不自禁地发出尖叫声。

人们还没做好心理准备之前，"飞驰"就开始沿着77度角下落、奔驰，能感觉到12次失重体验。不过，您可不要因为觉得速度实在太快，就担心自己会飞出去。因为，在轨道的每个角落都安装了感应器，可以随时监控列车的速度和路径是否超出正常范围。万一发生异常，列车会安全地停下来。

"飞驰"是？

2008年3月14日正式对外开放，最高速度为每小时104千米，最高处为56米，最大下坠高度为46米，最大坡度77度，长度为1641米，总共有3辆列车，每辆最多可乘坐36人。

制作只属于我的回转轨道

博士，这是什么？

用这个就可以试着制作过山车轨道。

☆ 准备物品

刀，剪刀，滚珠，透明胶带，硬板纸 2 张，双面胶，绳子，瓦楞纸 1 张。

☆☆ 制作方法

① 把瓦楞纸卷成圆柱形，用透明胶带粘贴封口，做成柱状，然后如右图所示在一端剪开一圈小口子。

② 把两张硬板纸连接粘贴好，做成底板，在上面仔细粘贴好瓦楞纸柱子。

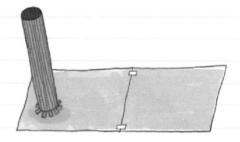

③ 用绳子做成回转轨道，试着将滚珠滚下去以确定适宜作为起始点的高度，然后将绳子固定在柱子和底板上。

起点

④ 用同样方法制作回转两次的轨道。然后在制作完成的轨道的起点，放上滚珠，仔细观察。

哦，你们俩都理解得很透彻啊。那我们进入下一阶段的讲解吧！

这里放上滚珠……

呵呵，这是恐怖的两次回转过山车。

如何造出又快又安全的过山车

"要制造过山车的话，需要各种各样的装置。"

博士说，制造过山车，需要链条锁、止逆装置、缆车线、能承受乘客体重的结实的轨道等。

博士继续说："链条锁是构成过山车的最重要的装置。过山车在上升阶段，会发出'嚓嚓'的声音，缓慢移动，此时链条锁在起作用。链条锁起的作用，是将过山车传送到最高点。链条锁旁边装有止逆装置，这是为了防止过山车在坡道上后退往下坠落，过山车上挂着的杆子和这个装置相摩擦，就产生了'嚓嚓'的声音。"

"我每次听到那个声音，心就怦怦直跳！"朵拉做出好像正在乘坐过山车的样子，嘟囔道。

"过山车要运行起来的话，还需要弹射器作为驱动装置。弹射器产生动能。弹射器上，数百个滑轮可沿着两条连续、平形的轨道滑动，列车每次出发的时候，滑轮互相推挤着移动，将列车往前送。"

"装置怎么这么多啊？"

"制造过山车最重要的装置我还没说呢。制造过山车的时候，最重要的东西就是刹车。过山车的刹车在过山车发生异常状况的时候能强行停止列车。当然，过山车的刹车和自行车的刹车或者摩托车的刹车无论是外表还是安装位置都不相同，但强行停止的作用是相同的。"

"这么说，过山车不是因为没有刹车所以才那么刺激的啊？"我摇着脑袋说道。

"你们觉得过山车的刹车在哪里呢？"

"在哪儿？"

"就在轨道上。"

摩托车的刹车装在轮子上。卡锁抓住回转的轮盘，让轮子停住。

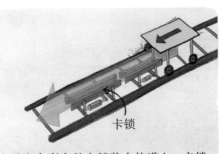

过山车刹车的卡锁装在轨道上。卡锁抓住高速移动的列车，让过山车停止向前。

"轨道？"

"过山车要是超速行驶的话，就用轨道上的卡锁来引发刹车。由于摩擦力增大，过山车就停下来了。"

"我还以为，轨道只是支撑列车行驶呢。"

博士说，过山车的轨道上也蕴含着不少科学原理。

过山车移动的时候，随着乘坐人员、天气等条件的不同，列车轨道的状态会不同，因此需要非常科学的计算。

"怎么样？过山车外表看上去虽然很简单，但每个角落都隐藏着具有重要功能的机关呢。"

听了博士的话，我们吐了吐舌头，问道：

"您那么聪明，为何造不出过山车呢？"

钢铁材料
适合制造多种形态的轨道，便于过山车提速。

木头材料
能够更好地吸收冲击力和噪声，安全性好。

我喜欢钢铁造的。

我又喜欢钢铁的，又喜欢木头的，两个都喜欢，怎么办？

博士坦白，他解决不了过山车的材料问题。

过山车的材料，是决定过山车刺激程度、速度、安全性等的重要因素。普通的过山车是用钢铁或木头制造的，两种材料有各自的特性，有不同的优缺点。

"我曾经想以兼具钢铁和木头优点的材料制造过山车。可是，最终失败了。"

博士说，自己曾经想制造既拥有可以让过山车更刺激的轨道形态，又有极快的速度，还很安全的过山车。

"要是能造出那样的过山车，该多好啊。"

过山车的魅力，就在于你不知道它什么时候会突然加速，也不知道它会往哪个方向移动。它在无法预测的区间里猛地向上升起，然后又猛地向下俯冲，再旋转一周，因此非常好玩。

设计游乐设施的空间

要制造游乐设施，乘客数量、等待时间、乘客的移动等都是设计时需要考虑的因素。"飞驰"的整体空间就是按照 1 小时大约可以乘坐 1500 人，待上区大约可容纳 930 人，约 620 人可以在室内停留来设计的。

另外，从进入入口处排队到下车离开，全程大约需要 1 小时。要合理设计人们可以停留的空间，如果能够设计连续的空间让人们可以在轨道旁边和轨道下面穿过，这样既使入口处排队的人很多，大家也不会觉得太无聊。

需要很多人力物力

美国加利福尼亚州某游乐场中竖立形状的过山车。

博士说："1975年，美国加利福尼亚州的一个游乐场里，建起了一座竖立形状、歪斜旋转一周的过山车。当时，我跺着脚大哭了一场。那和我想制造的轨道形状一模一样啊。"

"不过，您还是没找到合心意的材料，对吗？"

博士点了点头，说道：

"要制造过山车的话，需要若干支撑架，每隔3米就建造一个以支撑轨道。每个支撑架有三条支撑腿、至少三条横着的支杆、五六条交叉放置的支杆，还有四个连接部件。最终，要建成900米长的过山车轨道的话，包含支撑架等物品，一共需要超过数万个装置及零部件。可是，我没那么多钱买啊。"

"即使买到了所有装置，要是

没有隧道、轨道，以及进行建设的技术人员，也无法造出过山车。"

"那么现在就叫技术人员来吧。"

"那可不是件容易的事儿。这些技术人员要建造一架过山车，至少需要一年以上的时间。这段时间，不是还得付工钱嘛。"

"好可惜！就算只有技术人员也好啊。"

"啧啧，那也不是全部。"

"还需要什么？"

"所有工事结束之后，还需要和负责安全的人员一起进行试运行。"博士含泪说，他无法对整个过程承担责任。

"来，看这个。某一天，我琢磨着要制造过山车，还详细地把制造过山车的过程都记录下来了。"

博士说着又翻出了笔记本。

过山车的
建造过程

第 1 阶段　测量

首先要确定在什么场地、建造多大规模的过山车，并用仪器进行测量。

第 2 阶段　进行基础工事

铲平高起处或者填平低洼处，进行基础工事。为建造过山车铺设平整、坚实的地基。

第 3 阶段　搭建整体结构

把过山车的零件制作好，搬到现场之后，开始搭建整体结构。建立整体结构需要至少6个月的时间。

第4阶段 安装轨道

把木头或钢铁材质的轨道安装到整体结构中。安装时须注意对接精确，连接处要严丝合缝，确保建成光滑的轨道。

第5阶段 安装附属装置

安装过山车需要的刹车、自动门、链条、操作系统等装置。

第6阶段 检测

进行试运行，调整需要修正的部分，检测设计合理性和设施性能。此时，可以确定游客单次乘坐过山车的费用和该过山车一天中运行的次数。

本章要点
回顾

 Q 用瓦楞纸和绳子制作回转轨道的时候，
怎样寻找起点呢？

 A 制造回转轨道时，若希望物体沿
着轨道顺利旋转，该物体就需要有充
分的势能。由于物体的位置越高，拥
有的势能就越大，因此起点必须比回
转轨道高，才能顺利通过回转轨道。
万一起点太低，势能太小的话，物体
就无法在回转轨道上旋转了。

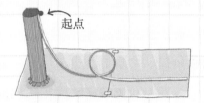

起点

Q 钢铁轨道和木质轨道的差异是什么呢？

A 由不同材料制成的轨道特性也不同。钢铁非常坚硬，也很容易弯曲，因此可
以自由制造出各种不同形状的轨道。另外，钢铁比木头更光滑，所以过山车容易
提速。木头虽然不如钢铁结实，也容易折断，但能够吸收冲击力，减少噪声和
震动。另外，木质轨道安全性较高，木质肌理也有一种天然的美感。

钢铁轨道

木质轨道

过山车是怎么停止的呢？

要让过山车停止的话，需要刹车。刹车能增加运动着的物体的摩擦力，使得运动物体减速并停止。摩擦力是存在于物体与物体的接触面中，阻碍物体相对运动的力。过山车的刹车是由安装在轨道上的铁锁将列车的一部分紧紧卡住，使得摩擦力增大，从而让运动的过山车停下来。

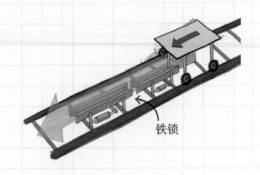

铁锁

建造过山车，首先应该做什么呢？

建造过山车需要经过很多程序，首先要做的就是测量。

测量是指用工具量出物体的高度、长度、宽度和方向等。测量某种长度的时候，需要作为基准的单位长度。比如说，将大拇指和其他手指完全展开的时候，两边之间的距离称为"拃"，"拃"也就是单位长度。建造过山车的场地非常宽阔，因此不能用"拃"或厘米之类的单位来测量。所以，要用适合测量宽敞土地的工具来测定建造过山车的空间大小。测量是进行基础工程及建造结构和轨道所必需的。

第 3 章

过山车和
铁轨很相似？

难道，
过山车是……？

想成为过山车博士的多尼的好奇心

和癞蛤蟆的相遇

"啊!"

朵拉忽然大喊,还蹦得高高的,开始跑起来。

"怎么了?"

"那,那儿有癞蛤蟆!"

突然之间,一只癞蛤蟆莫名其妙地出现在房间,横穿过来,还愣愣地看着我们。

我也吓了一跳,蹦起来。我一跳起来,癞蛤蟆好像也被吓到了,迅速钻到桌子下面。

"天啊,癞蛤蟆怎么会跑进屋子里来的啊?朵拉,是不是你没关好门啊?"

"不是啦!哥哥总是怪我。哥哥快把癞蛤蟆赶出去。不然我就告诉妈妈。"

"我也害怕啊。我讨厌昆虫,也讨厌哺乳类动物。可是你不是还很喜欢小狗嘛。比起我来,你还好得多呢。快点哄哄它,把它赶出去。"

这时,传来博士的声音。

"你们俩都冷静一下,打个招呼吧。这是我的宠物蛤蟆。"

"什么?宠物?"

"对。"

"哪儿有把癞蛤蟆当宠物养的人啊？不管怎么样，博士大人，请千万不要让癞蛤蟆靠近我啊。现在开始，我会好好听您的话的。"我向博士哀求道。

"博士先生，也请不要让它靠近我。我虽然喜欢动物，可是，那种癞蛤蟆实在太恶心啦。"朵拉也害怕地颤抖着声音说道。

博士一脸为难的表情，看着我们。

这时，癞蛤蟆已经从桌子下面钻了出来，一蹦一蹦地向博士跳了过去。

癞蛤蟆发出低沉的声音，开始"咕咕咕"地叫起来。

于是，博士从箱子里掏出一条不停蠕动的蚯蚓，递给癞蛤蟆。

癞蛤蟆伸出长长的舌头，一卷，就把蚯蚓吃了下去。

我和朵拉的脸色都变得苍白了，感觉马上就要吐出来了。

不过，博士完全不在意，还朝着癞蛤蟆亲了一下。

"肚子饿了？我的小宝贝！"

模仿莫比乌斯带的过山车轨道

我和朵拉为了躲开癞蛤蟆，到处蹦来跳去的，大声喊叫着。

可是，癞蛤蟆好像在逗我们玩似的，朝着我们移动的方向迅速蹦了过来。

朵拉赶紧逃到外面，还把玄关边上放着的可回收垃圾桶给踢翻了。于是，随着各种物体倾倒的声音，塑料瓶、泡沫塑料、纸片等都滚了出来。在这期间，博士把癞蛤蟆抓住了。

"我还真不知道你们怕癞蛤蟆呢。仔细看看，小家伙很可爱呢。你们要仔细看看吗？"

朵拉没有回答，而是大哭起来。我只能代替已经被吓到的朵拉把玄关打扫干净。我把到处乱滚的可回收用品捡起来，放到垃圾桶里，然后发现了一张奇怪的画。

"这张画好像经常见到……。"我看着画说。棉花糖博士好像一直在等这一刻的样子，说道：

"你对这幅画好奇吗？那可是我从莫比乌斯带得到的灵感。莫比乌斯带可有着非常有趣的特性呢。不管从哪个点开始，只要沿着带子的中间移动一圈，就能到达出发点的正对面。沿着带子转两圈的话，就回到原来的位置。"

"莫比乌斯带和可回收用品有什么关系呢？"

"想想看啊，可回收是什么？就是可以再次使用的意思。也就是把垃圾再次变为资源来利用的意思。在莫比乌斯带中呢，只要一直沿着带子走，就会来到原来出发点的反面，这和可回收垃圾再次成为资源的意思不是一样嘛。"

棉花糖博士把纸剪成长条，形成带状，然后把纸带弯曲，两头粘上。莫比乌斯带就做好了。

"来，看看这个，没有想到什么吗？"

我和朵拉死死地盯着莫比乌斯带看，可是怎么看也想不出什么特别的东西。

就在这时，朵拉猛地一拍大腿，喊了起来：

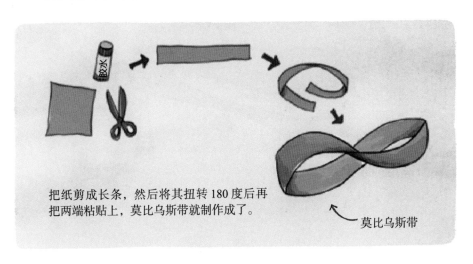

把纸剪成长条，然后将其扭转 180 度后再把两端粘贴上，莫比乌斯带就制作成了。

莫比乌斯带

"和过山车很像!"

"白痴,这个怎么会像过山车……。"

我刚想继续嘲笑朵拉,却发现自己说不出话来了。仔细观察,这个还真有点儿像过山车。过山车轨道的形状,还真的和莫比乌斯带一样。

"对,过山车轨道的形状就是模仿莫比乌斯带设计的。"

听了棉花糖博士的说明,我想起一个不明白的地方,问道:

"博士先生,像莫比乌斯带这样,正面和反面分不清楚的图形,有什么用处吗?"

"莫比乌斯带让我们的生活更加便利了呢。"

博士说,在碾米厂或者其他工厂里的传输带,就是利用了莫比乌斯带的特性。

"在机械设备的轮子上挂上带子,带子转动时,接触机械的那面

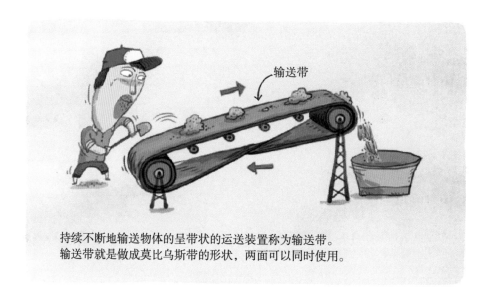

输送带

持续不断地输送物体的呈带状的运送装置称为输送带。
输送带就是做成莫比乌斯带的形状,两面可以同时使用。

很快就会磨损而无法使用。可是如果把带子弯曲成莫比乌斯带的话，两面都能被用到，就能用很长时间。"

"还有，"博士说，"现在几乎见不到但以前曾经被广泛使用的磁带，在用完一面后自动跳到另一面，也是利用了莫比乌斯带的原理。"

博士先生拿出了彩色笔和纸带，说要给我看点儿有意思的东西。

"您要用这个做什么呢？"我问道。

"把一条纸带扭转做成莫比乌斯带，再把另一条只是首尾相接粘贴起来，做成普通圆环。"

我按照吩咐做了。

然后，博士说，用彩色笔把纸带圈涂上颜色，我开始涂了起来。

"好，现在看看另一面。"

"为什么看另一面？"

令人吃惊的是，做成莫比乌斯带的那张纸带圈的另一面，居然也有了颜色。

"我明明只涂了一面颜色啊！"

"那条没有扭转、只是首尾相连粘贴起来的纸带圈，要是只在一面涂上颜色的话，另一面就不会有颜色。可是，莫比乌斯带不管在哪一面涂色，两面都会有颜色。正面和反面是无法区分的。"

嗑嗑嗑

带子的两面都用上了呢。

正反相见的莫比乌斯带

"虽然只是制作一条纸带圈，但是真的好厉害！"

"莫比乌斯带是1858年一个叫莫比乌斯的数学家发现的。有一天，莫比乌斯突发奇想，不知是不是存在正面和反面无法区分的好玩的东西，然后就有了这个发现。"

"哇，真是好伟大！"

"对，算是这样的。因为就在莫比乌斯发现这个形状之前，人们还一直认为所有图形都是正反有别的呢。然而，莫比乌斯打破了固有观念，莫比乌斯带的发现无论是在文化层面、社会层面、科学层

面、还是数学层面，都有巨大的意义。"

科学家们从莫比乌斯带得到了灵感，联想到宇宙是否也像莫比乌斯带那样无限循环呢。于是，人们可以更具体地想象宇宙的实体；数学家们对无限循环的数字产生了思维转换；哲学家们则对不断重复的人生和生活重新下定义。

此外，莫比乌斯带还被体现在文化创作上。画家们在莫比乌斯带上进行绘画；小说家们以莫比乌斯带为主题，在小说里揭示人生是不断反复的本质。此外，在雕刻作品、项链、耳环等艺术设计品中，也大量使用了莫比乌斯带的形状。

"这条小小的带子，改变了生活，给予了我们无限的想象！"博士说。

我好羡慕发现了举世震惊的成果的莫比乌斯。

另一位发现莫比乌斯带的人

1858 年，莫比乌斯发现了神奇的莫比乌斯带后，人们便将之以莫比乌斯的名字命名，称之为"莫比乌斯带"。

同年，一位叫约翰·李斯丁的人也发现了莫比乌斯带。可是，人们只记得莫比乌斯，却不知道约翰·李斯丁。

与过山车轨道相似的细胞

"过山车轨道和莫比乌斯带很像，这个理解了吧？那现在咱们来做一个好玩的实验吧。"

博士先生边说边用纸做了一个莫比乌斯带。然后，让我用剪刀把它沿中线咔嚓剪开看看。

我用剪刀把莫比乌斯带剪开。

"现在会变成什么样？"

"还能怎么样啊，变成两片了呗。"

"真的是那样吗？"

博士先生脸上露出了意味深长的笑容。

"不是吗？"

啊，把它剪成两半居然还连在一起！

要是把莫比乌斯带三等分，会得到一个莫比乌斯带和一个扭转四次的环连在一起的纸圈。

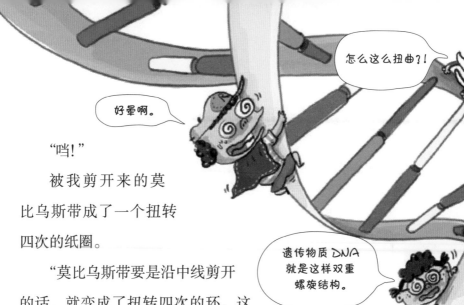

"啪!"

被我剪开来的莫
比乌斯带成了一个扭转
四次的纸圈。

"莫比乌斯带要是沿中线剪开
的话，就变成了扭转四次的环。这
种神奇的性质，在我们身体里也有呢。"博士说。

听了博士的话，我马上试着把手掌向前、向后扭转起来。

"哪里?"我问道。

"会在哪里呢?"博士先生好像在招惹我的样子，问道。

"别让我们干着急了，快告诉我们吧!"

"就在我们身体的细胞里呢。细胞里的遗传物质 DNA 具有和
莫比乌斯带相同的结构。"

博士先生说，运用莫比乌斯带原理的科学技术中，最复杂困难
的是克隆技术。

"遗传物质 DNA 具有和莫比乌斯带一样的性质，是双重螺旋结
构，这一点是在 20 世纪 50 年代被发现的。1981 年，一个研究团队
从莫比乌斯带得到启示，如果把 DNA 分成两半，也会得到和原来
一样的形状。于是他们试着将 DNA 进行分裂，结果和预想的一样。
正是由于他们的发现，今天我们才可以克隆狗、羊、牛等动物。"

造过山车也需要数学

这时，妈妈打电话过来，让我们在假期好好完成数学作业。朵拉在地上铺开数学作业本，准备开始答题了。可是我却不高兴地撅起嘴，数学是我最讨厌的。

"我要做过山车工程师呢，所以数学这种东西，不懂也没关系。"

这时，正在亲吻宠物癞蛤蟆的棉花糖博士猛地回过头，说道：

"说什么不懂数学也没关系啊，要制造过山车的话，数学可得很厉害才行。"

"过山车和数学有什么关系？"

当然，过山车轨道的形状和莫比乌斯带很像，这一点我知道。

"何止长得像那么简单啊！过山车和数学有怎么也扯不断的关系呢。过山车行驶时，高度是怎么变化的，你们想过吗？"

"我们一直在尖叫，哪儿有空想高度的变化啊。"

"我就知道会这样。所有的过山车，在缓缓出发之后，在开始提速的那一点是最高的，以后又逐渐变低了。知道是为什么吗？"

"为了好玩儿！"朵拉插嘴道。

我瞥了她一眼。

"哪有这种道理！"

"对，不是那个原因。高度增加之后又变低，这是因为摩擦力的作用。过山车要移动的话，会和轨道产生摩擦力，这个我说过吧？"

博士为了让我们便于理解，开始慢慢地解释：

"奔跑的过山车的轮子和轨道之间会产生摩擦力。过山车必须要战胜摩擦力才能继续飞驰。那么，这里就需要数学了。想要战胜摩擦力，应该怎么做呢？比起轨道的摩擦力，驱使过山车前进的力量必须要更强才行。因此，在制造轨道的时候，得计算出斜坡坡度，然后利用坡度数据来计算出最高速度和最低速度才行。"

博士又说，不要忘记计算轨道能够承受多大的冲击力，所以必须要好好计算。

"太复杂了。"

"过山车是基于数学计算而设计的工业产品呢。"

博士说，根据过山车的长度变化，最高速度会变化，转弯角度也会有所变化。另外，过山车的列车重量不同，转弯角度也不同，列车大小不同，过山车受到的重力、奔驰的时间等也会因此发生改变。诸如此类，过山车的所有东西都和数学密切相关。

"比如说，现在要制造过山车的椅子。该座位可以承受身高最高多少米，体重不超过多少千克的乘客乘坐，要计算这些的话，应该怎么做？"

"得运用数学公式吧。"朵拉回答道。

博士点头说，在设计过山车的时候，最重要的事情，就是轨道的角度。因为角度决定摩擦力、抵抗力和加速度。所以，不懂数学的话，绝对无法制造过山车，这算是最终结论了。不管怎样，必须得学好数学才行。

"一般来说，过山车轨道是莫比乌斯带的形状，也就是内部和外部可以自由越过的形状。这时，使用的公式就是二次函数了。用二次函数的最大值和最小值来调整抛物线形状的轨道角度。函数你们听说过吗？我们来看看函数图表吧。"

博士说，工程师利用函数来调节轨道的角度，并通过角度的设计来使过山车减缓速度或者加快速度。

"还有，要使过山车能够沿一定弧度飞驰又安全转弯的话，必须计算好，出发点的高度须设定为圆形半径的 2.5 倍。"

"呵，太复杂了！"

我觉得头都大了。

我不知道博士到底在说什么。正在我走神的时候，博士摸着我

的头，说道：

　　"过山车可不是单纯的玩具啊。它是利用数学和科学原理制造出来的伟大发明。"

汽车，成为过山车！

2012 年 11 月 18 日，在韩国京畿道高阳市，发生了一件令人震惊的事：韩国国内首次实现 360 度大回旋汽车过山车挑战成功。

这次汽车过山车挑战是在长度为 70 米高度为 10 米的大规模专用轨道上进行的。仅仅为了这次挑战而花费的费用就有 3 亿韩元左右。

把连拍的汽车图像合成为一张照片，可以看到挑战汽车在回转轨道上成功驾驶的样子。

汽车过山车挑战成功后，观众们聚集在回转轨道前，欢呼起来。

尽管天气非常寒冷，在京畿道高阳市的国际会展中心进行的汽车过山车挑战，还是迎来了300余名观众。

当天的挑战中，热爱赛车的歌手金振彪先生宣布要亲自进行挑战，许多新闻媒体争相对他进行采访，场面非常热烈。

汽车过山车挑战，在行进中可产生6个 g 的重力加速度，汽车有粉碎的危险。进行挑战的汽车在回转行进中，汽车的保险杠有可能粉碎，车牌和后视镜会掉落出来。可是金振彪先生非常沉着，成功完成了挑战，观众席上爆发出阵阵雷鸣般的掌声。

Q 莫比乌斯带在实际生活中有哪些应用呢？

A 莫比乌斯带最大的特征是内部和外部是无法区分的。这种形状虽然大量应用于艺术品和装饰品中，但也被广泛运用在工业生产和工程中的搬运装置上。连续不断地输送物体的带状搬运装置叫作输送带，它的带状部分就是莫比乌斯带的形状。把输送带的带子做成莫比乌斯带的形状，就能使带子双面都使用上。比起只让带子的一面接触机械，这样的设计能让带子使用更长久，也就更有效率。

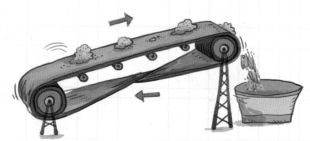

Q 图表是什么呢？

A 图表是把某些信息的特征或数量之间的关系清晰显示出来让人一眼就看明白的图像。所以，为了使人们阅读方便，图表使用了柱形、直线、曲线等图像来表示。

图表包括饼图、柱形图、条形图、圆形图、折线图、曲线图等。制作者须根据数据和信息的类型来选择合适的图表形式。

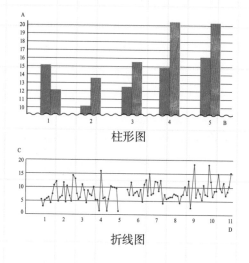

柱形图

折线图

Q 回转轨道会转多少度呢?

A 直角是 90 度。过山车在回转
轨道上转一圈的话，等于转 4 个
直角加起来的角度大小。4 个直
角加起来的角度大小是 90 + 90 +
90 + 90 = 360。所以，回转轨道
是转了 360 度。

第 4 章

火星人
是谁?

不管怎么说都
好奇怪……

为了找到过山车，多尼和朵拉的努力

火星人是艺术家？

看来，关于过山车的知识学习得越多，就越发现它绝对不只是个游乐设施啊。

越是这样，我就越是想知道真相。

火星人到底为什么只偷过山车呢？还有，那么巨大的过山车是怎么被偷走的呢？

我心里特别着急，向博士问道：

"博士先生，火星人的真正面目到底是什么呢？"

"看新闻说，火星人可不止偷韩国的过山车，全世界的过山车都被偷了呢。"

"对。所以我的梦想正在破碎啊。我的梦想就是坐遍全世界所有的过山车，收集所有的纪念门票啊。"

我觉得天都好像塌下来了。

我每次发现自己想乘坐的过山车，就在网络上收集相关信息并记录下来，为此，零花钱也很节省着用。

可是，全世界的过山车居然一个接着一个地消失了，一想到这，我的心仿佛都要被撕裂了。

看着我一直嘟囔个不停，博士没好气地说：

"火星人说不定还是很了不起的艺术家呢。"

"是艺术家？"

"对。世界各地的过山车都有着各自不同的风格，设计很别致。所以，正如乘坐过山车会带来刺激感，观赏过山车也很有乐趣。火星人说不定是对这些设计产生了贪念，在全世界到处偷盗过山车呢。所以，火星人也可能是艺术家！"

　　我一听博士居然替火星人说话，非常生气。

　　"现在您是站在火星人那一边吗？什么艺术家！"

　　"难道我还不能说我想说的话吗？"

　　博士突然发起了火。

　　"现在您可是在包庇小偷啊！我可是因为火星人伤心得要命呢！"我也发火了，朝着博士大声喊起来。

神秘的房间

绝对不能进来。

不知何时，窗外已经完全黑了。博士说自己累了，得先睡了，便进了里屋。他边走边说，自己睡觉的时候，我们可不能在家里走来走去的。

"尤其是里屋，绝对不能进来。"他强调道。

"为什么？"

"什么为什么，在别人家里随便乱走乱看是很失礼的，难道不是吗？"朵拉又插嘴道。

我朝朵拉扔了一个枕头，嚷嚷着叫她睡觉。

朵拉一脸委屈的样子，噘着嘴躺了下来。我也跟着躺下了。可是怎么也睡不着。我既对火星人的真实面目非常好奇，又很想知道过山车消失的原因到底是什么，心里总是痒痒的。

"来数羊吧。"

我躺着，一头羊，两头羊……这样数着。就在我数了好一阵子羊的时候，看到博士的房间里透出了草绿色的光。

我猛地坐起身来。博士的房间里发出了沙沙作响的声音。

"朵拉啊，起来一下。"我把朵拉叫醒了。

朵拉好像刚睡着，慢慢地睁开了眼睛。

"博士的房间里有奇怪的声音。"

"说不定是他在说梦话呢。"

"不是的。你看看那个。"

我指了指草绿色的光。朵拉揉着眼睛，歪头往那
看。然后，我悄悄推开了博士的房门。

"那很没礼貌啊！"朵拉喊道。

可房门已经轻轻开了。我进了
博士的屋子。原本应该躺在床上的
博士，居然不在。

"博士先生不在。"

"去哪儿了呢？"

我和朵拉在博士的房间里翻来翻去。就在这时，
房间地板下面微微透出了一些绿色的光。

沙沙作响的声音也是从那里发出来的，毫无疑问。

"这儿有门！"

我叫朵拉一起把门打开。朵拉
说自己害怕，紧紧抓着我的胳膊。

"哥哥，要是出现个绿色的怪物，
我们该怎么办啊？博士先生一定
会生气的。我们还是回去睡觉吧。"

"我太想知道了，忍不了啊。
这么晚博士到底在做什么呢？
还是在这神秘的房间里面。"

哦呵，好像有什么味儿呢。

呃呃，没什么味儿啊。

　　我把安装在地板上的门小心翼翼地拉了开来。一瞬间，我瞪大了眼睛。除了发着霉味儿的灰尘味道扑鼻而来，一个堆满了过山车模型的奇怪的实验室进入我的眼帘。

　　我和朵拉顺着梯子走了下去。走近了看，那些模型简直和真的一样精巧。这好像不是普通的模型。

　　这些到底是什么呢？还有，到底是谁在这里？他在做什么实验呢？

　　就在这时，嗤嗤作响的绿色光线出现了，还有一

88

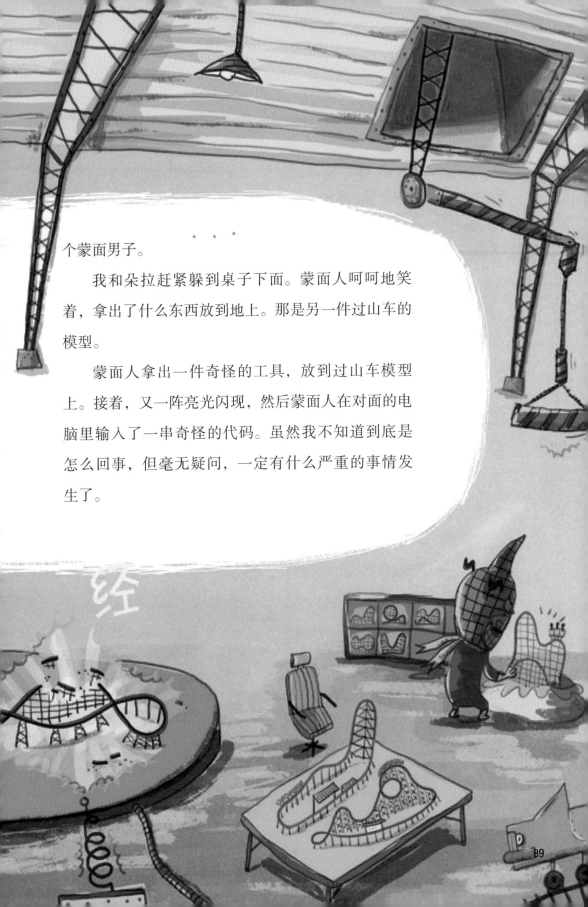

个蒙面男子。

我和朵拉赶紧躲到桌子下面。蒙面人呵呵地笑着，拿出了什么东西放到地上。那是另一件过山车的模型。

蒙面人拿出一件奇怪的工具，放到过山车模型上。接着，又一阵亮光闪现，然后蒙面人在对面的电脑里输入了一串奇怪的代码。虽然我不知道到底是怎么回事，但毫无疑问，一定有什么严重的事情发生了。

抓住火星人的尾巴

我一直躲着偷看蒙面人的行动，猛地想起了什么——火星人！火星人就是把过山车神不知鬼不觉地运走的小偷。

万一，这些地板上放着的模型不是假的过山车，而是真的过山车，该怎么办呢？如果那个人用奇怪的技术把过山车缩小的话！

想到这儿，我已经确信，眼前这个人就是火星人。

我得查出那个男人到底是谁！

我屏住呼吸，怒视着蒙面男子。就在这时，蒙面男子又发出奇怪的笑声，脱下了面纱。

一瞬间，我和朵拉的双眼都睁得巨大，嘴也猛地张开了。

"博士先生！"

火星人的真正面目居然就是博士先生。

听到了我们的声音，博士猛地回头，看着我们，皱起了眉头。我们从书桌下面爬了出来。博士对着我们，用令人害怕的声音喊道：

"我刚才好像说过，绝对不能进这个屋子吧！"

"在您发火之前，请先解释一下这是怎么回事吧。博士先生真的就是火星人吗？"我不甘示弱地问道。

博士稍稍结巴了一下，说道：

"对，我就是火星人。"

"什么，到底为什么？"

"一直以来，我为了制造出更加刺激、更加好玩的过山车不停努力着。可是，尽管我非常努力，却无法实现。"

博士说，所以他想，必须把全世界的过山车都偷来，把那些技术一个不落地全部掌握。"我一直以来有个梦想，就是成为游乐园的园长。所以我决定，要在我的游乐园里建造世界上最棒的过山车。"

为了实现梦想，博士一直在研究过山车。可是不久之前，因为他的宠物癞蛤蟆要生小崽子，急需一大笔钱，所以，他想必须尽快造出世界上最棒的过山车，赚很多钱。可这个愿望又不能很快实现，于是他就开始偷窃全世界的过山车，想掌握其中的技术和原理。

"那放在书桌上的这些模型是……"

"对，全都是真的过山车，被我缩小了放在这里的。"

听了博士的话，我瞪大了双眼。

"我现在就要向警察举报你。"我向博士狠狠地顶撞道。

"我是为了掌握过山车的原理和技术，没办法。"

"可是怎么能这样……"

"拜托，千万别举报我。只要再给我一点儿时间，我就把所有东西都归还原处。"

我不知该怎么办，有点苦恼了。

博士的心情我虽然理解，可是，也不能包庇他的罪行啊。我烦恼了一阵子，决定给博士一个机会，让他马上把所有东西归还原处。

博士说，只要我保守秘密，一定会把所有东西都原封不动地放回原处。

我和朵拉决定相信火星人，不，相信博士先生。

"好。给您几天时间。不过，您必须把所有东西都放回原处。"

博士承诺，一定会那样做。

这时，朵拉嘟囔道："博士先生，那么大的过山车，您是怎么把它变小的呢？"

"那是因为有我发明的变小光线。只要用那个光线，可以把任何东西都缩小。"

"哇，要是我的话，还不如把宠物癞蛤蟆变小呢。这样，不用给它太多食物也可以啦。"

听了朵拉的话，博士睁大了眼睛，好像这是他从来没想过的令人吃惊的主意。

我和朵拉一脸无语的表情，大笑起来。

"可是，过山车有那么多种类吗？"

"对，很多。你们一定很好奇吧，我来一个一个介绍。"

世界上的过山车

把我带来的世界上的过山车都介绍一下。

消失在水中的喷射过山车

喷射过山车坐落于日本横滨的宇宙乐园中，能以很快的速度通过设置在水下的空间。从外面看，就像是过山车在水中消失了一样。

汽车公司制造的"罗莎方程式"

"罗莎方程式"是阿联酋法拉利主题乐园里的过山车，是全世界速度最快的。因为是汽车公司制造的，该过山车的外表也是汽车的模样。该过山车的速度竟然可以达到时速约 240 千米，对于享受速度感的人们而言是极有吸引力的。

L 形轨道的"恐怖之塔"

在澳大利亚梦想世界游乐园里的"恐怖之塔"，有着 L 形的轨道。过山车沿该轨道上升到 120 米高的塔顶，暂时停驻一下后再沿着轨道从相反方向下落，可以体验大约 7 秒的无重力状态。该过山车旁边还有体验自由落体的游乐设施。

没有脚蹬的"云霄飞车"

在日本的富士急高原乐园中，有一座叫作"云霄飞车"的过山车，没有脚蹬，游客乘坐在上面能强烈地感到类似漂浮在空中的感觉。另外，因为座位没有固定而是可以旋转的，该过山车拥有相当强烈的刺激感。

长长的"野兽之子"

位于美国的国王岛游乐园，"野兽之子"长为2243米，曾经是全世界最长的木质过山车。

"野兽之子"，我一定要坐一次！

巨高无比的"震撼飞车"

在美国的杉点乐园，有一座叫"震撼飞车"的过山车，最高点高达 128 米，据说最高时速约为 240 千米，速度非常快。可以感受到仿佛从 10 层以上的建筑掉下来一般的刺激感。

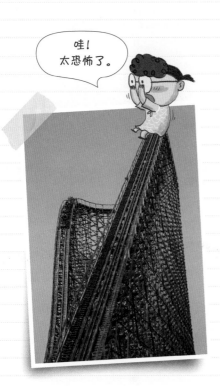

飞快无比的"直冲云霄"

"直冲云霄"是在美国六面旗主题公园里的过山车，时速能达到大约 110 千米。它是世界上最快的木质过山车，也是世界上降落距离最长的木质过山车。

各式各样的过山车

"世界上有这么多过山车，现在大家却因为博士先生您而不能乘坐了，我好伤心。"

"多尼啊，真的对不起。不过作为补偿，我会把关于过山车的知识全部教给你，你心情好一点儿了吧。到现在为止，你坐过的过山车的列车都是什么模样的？"

"火车模样的。前面还画着大象或长颈鹿之类的动物图案。"朵拉眨着眼睛，回答道。

"博士先生，我还坐过秃鹫模样的过山车呢，是在轨道下挂着列车的。"我看着朵拉，神气地说。

"过山车有各种各样的形式。还有赛马形状的过山车呢。"

"赛马？"

"对，就是坐在赛马形状的过山车列车

赛马形过山车

上，在类似于赛马跑道的轨道上飞驰。可以说，就好像是骑着马在奔跑的感觉吧。"

"居然有骑马的感觉，好神奇啊。"

"普通过山车的列车都是车辆的模样。有模仿蒸汽火车样式的，也有用有趣的动画形象来装饰汽车形状的列车的。"

"对。我坐过的过山车，前面有很可爱的小象图案呢。"朵拉附和着博士的话，真让我讨厌。

"博士先生，没有更刺激一点儿的过山车吗？"

"当然有啦。过山车的列车如果能像游乐场里的咖啡杯那样，滴溜溜地旋转，怎么样？"

"天啊，还有那种？"

"当然，超级刺激吧？！还有很多多尼喜欢的呢。比如摩托车形状的过山车，坐在上面就好像在骑摩托车一样，刺激又紧张，男孩子们尤其喜欢呢。"

旋转过山车

摩托车形过山车

火车形过山车

挂在轨道下面的
过山车

雪橇形状
的过山车

吓一跳啊

好像在
天上飞呢。

游乐和
体育运动的结合。

　　"博士先生，我坐过的秃鹫形状过山车，就是在轨道下面悬挂车箱，坐在上面感觉就像是鸟儿在天上飞呢。"

　　"坐那种过山车的时候，乘客的双脚悬在空中，所以才有那样的感觉吧。在美国的六面旗主题公园里的"蝙蝠侠"过山车也是车箱挂在轨道下面的。"

　　"蝙蝠侠不就是蝙蝠嘛。倒挂在洞穴里面的蝙蝠，和挂在轨道下面的过山车，感觉好配啊。"

　　"这里我们来做一个记忆力小测试。最开始，我说过，过山车和什么运动器具很相似呢？"

　　我刚想起来，朵拉已经抢先喊道：

　　"雪橇！"

　　"对，就是雪橇。不知是否因为如此，还有做成雪橇形状的过山车列车呢。轨道也做得和雪橇路线很相似。乘坐这种过山车，就好像成为了雪橇运动选手呢。"

"博士先生，还有别的吗？"

"还有乘客是站着的过山车，没有脚蹬、只有座位的过山车列车也有。乘客是站着的过山车，因为在开的过程中乘客一直站着，所以紧张感增强；没有落脚处的过山车呢，就好像挂在空中一样，使乘客恐惧感增强。最后，告诉你们一些特别的过山车。"

博士再次把笔记本翻了出来。

站着乘的过山车

没有脚蹬，
好奇怪。

没有脚蹬的
过山车

特别的过山车

野鼠过山车

野鼠过山车的单个车箱一般只能乘坐不到 4 人，具有短暂而极速旋转的特征。尤其是在旋转的时候，会感觉人要飞出去一般。

比赛式过山车

比赛式过山车的设计是使两列以上过山车一起出发，就好像在比赛一样地运行。过山车之间似乎要相撞般岌岌可危地奔驰着，同时互相进行竞争，使乘坐者很有快感。

哇！看上去太过瘾啦！

螺旋式过山车

　　螺旋拔塞器是用来拔软木塞子的工具。这种工具上有直立形状的铁片，螺旋式过山车就是模仿这种样式来制造轨道的。这种过山车就是在直立形状的轨道上快速地滴溜溜旋转着前进。

铰链式过山车

　　铰链式过山车是轨道旋转数次，游客在乘坐过程中要多次翻转的过山车。在过山车奔驰的过程中，乘客总会产生好像头要相撞的错觉，乘坐者会有新鲜感、紧张感和恐惧感。

安全第一

从博士先生那里听了各种各样过山车的介绍，我突然有点儿好奇。

"博士先生，过山车是安全的吗？万一出了事故怎么办呢？"

博士咯咯地笑了，说道：

"在一些人看来，过山车为了给乘坐者带来紧张感，似乎很危险。可是，过山车其实是安全的。美国一家游乐场一年中乘坐过山车的游客有 3.19 亿，其中发生事故或者受伤的人有多少我曾经去调查过。你们猜到底有几个？"

"那么多人坐的话，会有几十个人受伤吧。"

因为过山车是许多人一起乘坐的游乐设施，为了安全起见，乘客必须严格遵守秩序。乘坐过山车的时候，乘客必须坐在指定的座位，靠在椅背上，用正确的姿势乘坐。

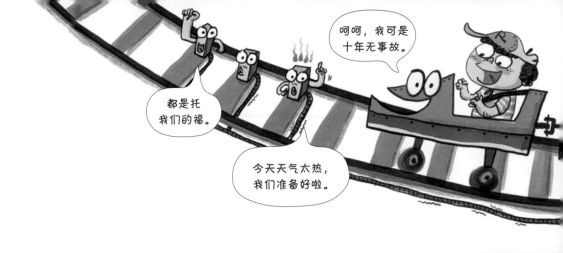

听了我的话，博士摇了摇头。

"有 2 个人。事实上，和其他游乐设施相比，过山车算是非常安全的。当然，最好是绝对不要有任何事故发生。"

"真的吗？安全可是最重要的事呢。"

我和朵拉放心地松了一口气。

"过山车在设计的时候，配备了几万种安全装置。控制过山车安全的电脑系统会全盘监测过山车的速度、轨道的状态、乘坐者的重量、轨道的弯曲度、天气情况、气温等。只有这样，过山车才不会脱轨，安全地运行。"

博士说，尽管有电脑系统在保证安全，还是必须无时无刻保持警惕，绝不能发生事故。

"最最重要的是，乘坐者们必须非常了解并且遵守安全守则。知道了吧？"

"是，我们知道了！"

听了博士的话，我们异口同声回答道。

几天后，去旅行的奶奶回来了。

我们剩下的假期，就和奶奶一起度过。之后，我们就回家了。

在回家的大巴上，我和朵拉听到新闻说，游乐场里的过山车都回来了，可是它们都缩小了，人们无法乘坐。

本章要点
回顾

Q | **过山车也需要设计吗?**

A |　　人们从很久以前就开始把生活中的工具制作得又实用又好看,以美化环境并便利生活。设计是使我们的环境变得美丽、让我们的生活更方便的行为。因此,在人们按照计划来制造一件物体的时候,设计具有很大的价值。过山车诞生之初虽然以带给人们刺激感为目标,但各种各样的过山车出现以后,人们也对过山车的设计产生了兴趣。当今世界的各大游乐园里,各式各样的过山车展现着各自独有的特色,给人们带来极大的乐趣。

"罗莎方程式"的列车是模仿什么设计的呢？

"罗莎方程式"过山车是由制造汽车的法拉利公司建造的。法拉利公司在阿联酋的亚斯岛上建成了一座以"法拉利世界"为名的游乐园，并建造了名为"罗莎方程式"的过山车。"罗莎方程式"的列车是模仿赛车来设计的。和一般模仿窄而长的车辆形态的过山车不同，"罗莎方程式"的列车模仿了宽度较大、前部敏捷灵巧的汽车设计，然后配上"汽车轮胎"，很具设计感。

 螺旋式过山车的轨道是模仿什么设计的呢？

 过山车的设计分为列车设计和轨道设计两部分。螺旋式过山车的轨道实际上是模仿直立形状的螺旋拔塞器。螺旋拔塞器作为开启软木塞的工具，为直立样式，可旋转着伸入木塞内，过山车的轨道也很适用。螺旋式过山车因为是按照直立模样而设计的轨道，列车可沿其滴溜溜地旋转着奔跑。

核心术语

加速度
速度变化量与发生这一变化所用时间的比值。

惯性
指的是当作用在物体上的外力为零的时候，物体保持静止状态或匀速直线运动状态的性质。一般说来，物体的质量越大，惯性也越大。

惯性定律
科学家牛顿在 1687 年发表了关于物体运动的三条定律中的第一条定律：一切物体在没有受到力的作用的时候，总保持静止状态或匀速直线运动状态。

向心力
当物体沿着圆周或者曲线轨道运动时，指向圆心（曲率中心）的合外力作用力。

摩擦力
阻碍物体相对运动或相对运动趋势的力。

失重
指物体失去了重力场的作用。乘坐海盗船之类的游乐设施时，从高处往低处下落的时候，坐在里面的人们感觉好像身体漂浮起来一般，体会到失重的感觉。

晶状体
紧贴在瞳孔和虹膜后方的凸透镜形状的透明体。随着被观察物体的远近而改变凸度，将进入眼睛的光线以适当角度进行屈折后在视网膜上形成物体的像。

能
能在日常生活中被广泛使用在各个领域。除了指生活能力或机械移动的力，作为物理学名词，"能"有严谨而明确的定义，即某种物体做功的能力。

能量守恒
把橡皮缠在线上摇晃的话，往返幅度会渐渐缩小，直至静止。这就是因为橡皮的势能和动能因摩擦的原因转换成了热能等。总之，能只会从一种形式转化为另一种形式，能量的总量是保持不变的，这就是能量守恒。

能的转换
即一种能转换成另一种能的过程。在房间的地面上推动皮球，皮球在地面上滚动一段距离之后会静止或撞到墙面后会停止。皮球具有的动能看上去好像消失了，实际上皮球具有的动能因皮球与地面的摩擦及与空气的摩擦而转换成了热能。诸如此类，一种能转换成另一种能，就叫作能的转换。

发动机

一种将热能、电能、水能等各种各样形态的能转化为机械能的装置。最普通的一种是内燃机，是将热能转换为机械能的热力发动机。

功

是力对物体作用的空间的累积的物理量。物体按照力的方向进行一定距离的移动时，力与其作用点位移大小的乘积，即为功的数值。日常生活中，功具有广泛的意义，但在科学领域它有特定的意义。

动能

物体由于运动而具有的能。当物体的质量（重量）越大，或速度越快，具有的动能就越大。

离心力

当物体沿着圆周或者曲线轨道运动时，使旋转的物体远离它的旋转中心的力。与向心力的大小相同，方向相反，是从惯性力变形而来的力。

势能

物体因为重力作用而具有的能。同一物体，在越高处，势能就越大。不同物体在同样高度，物体的质量（重量）越大，势能就越大。

速度

物体在一定时间内，如 1 秒、1 分钟、1 小时等时间内移动的距离。速度的单位有米 / 秒、千米 / 时等。

电

电子运动所带来的现象。电又能转化为光和热。另外，还能产生和磁石一样吸引铁块的电磁力。1897 年英国物理学家汤姆森发现了电子。他在做了各种实验以后，发现电子，从而证明原子是可分的。

电能

以电的形式表现的能。主要来自其他形式能量的转换，如将煤炭、石油等化石燃料或木头燃烧后发电，也可以利用流动的水或原子能等发电。传输容易，又能轻易转换成其他能，因此是最便利的能源。

质量

物体所含物质的数量叫质量。不会随着物体所在的场所或物体状态的不同而改变。

图书在版编目（CIP）数据

消失的过山车 /（韩）徐智云，（韩）赵显学著；（韩）李
昌涉绘；何璐璐译 . —上海：上海科学技术文献出版社，2021
（百读不厌的科学小故事）
ISBN 978-7-5439-8201-7

Ⅰ.①消… Ⅱ.①徐… ②赵… ③李…④何… Ⅲ.①力
学—少儿读物 Ⅳ.① O3-49

中国版本图书馆 CIP 数据核字（2020）第 199406 号

Original Korean language edition was first published in 2015
under the title of 롤러코스터가 사라졌다 - 틈만 나면 보고 싶은 융합과학 이야기
by DONG-A PUBLISHING
Text copyright © 2015 by Seo Ji-weon, Cho Seon-hak
Illustration copyright © 2015 by Lee Chang-sub
All rights reserved.

Simplified Chinese translation copyright © 2020 Shanghai Scientific & Technological Literature Press
This edition is published by arrangement with DONG-A PUBLISHING through Pauline Kim Agency,
Seoul, Korea.

图字：09-2016-379

选题策划：张　树
责任编辑：詹顺婉
封面设计：徐　利

消失的过山车
XIAOSHI DE GUOSHANCHE

[韩]具本哲　主编　[韩]徐智云　[韩]赵显学　著　[韩]李昌涉　绘　何璐璐　译
出版发行：上海科学技术文献出版社
地　　址：上海市长乐路 746 号
邮政编码：200040
经　　销：全国新华书店
印　　刷：昆山市亭林印刷有限责任公司
开　　本：720mm×1000mm　1/16
印　　张：7.5
版　　次：2021 年 1 月第 1 版　2021 年 1 月第 1 次印刷
书　　号：ISBN 978-7-5439-8201-7
定　　价：38.00 元
http://www.sstlp.com